POR QUÉ LA MUERTE NO EXISTE

Cinco pruebas y tres epílogos

POR QUÉ LA MUERTE NO EXISTE

Cinco pruebas y tres epílogos

Armando Añel

Neo Club Ediciones

© Armando Añel Guerrero 2016
Reservados todos los derechos de la presente edición

Dirección ejecutiva: Idabell Rosales
Edición: Armando Añel
Diseño y maquetación: Vincent Saldaña
Foto de contraportada: Delio Regueral

COLECCIÓN ENSAYO
ediciones@neoclubpress.com
neoclubpress.com

ÍNDICE

INTRODUCCIÓN 9

PRIMERA PARTE

NICK BOSTROM Y LA VARIANTE
TECNOLÓGICA. 17

LA VARIANTE ALUCINÓGENA 23

ROBERT LANZA Y EL EXPERIMENTO
DE LA DOBLE RANURA 30

LOS PRECURSORES DE LANZA
Y EL PRINCIPIO DE INCERTIDUMBRE
DE HEISENBERG 35

LA COINCIDENCIA TEÓRICA.
EL CARÁCTER POSTERIOR DE LA VIDA 39

SEGUNDA PARTE

LAS CINCO PRUEBAS 45
    PRIMERA PRUEBA 47
    SEGUNDA PRUEBA 59
    TERCERA PRUEBA 67

CUARTA PRUEBA 75

QUINTA PRUEBA 79

TERCERA PARTE

EPÍLOGO I:
LA CORTINA DE HUMO DEL EGO 89

EPÍLOGO II:
JESUCRISTO DESCUBRE
QUE LA MUERTE NO EXISTE. 101

EPÍLOGO III:
MI REVELACIÓN 109

CONCLUSIONES 113

a mi @transhumana, que inspiró este libro

INTRODUCCIÓN

El propósito de este libro es demostrar que la muerte —o la vida—, tal y como la concebimos tradicionalmente, como nos han enseñado en los libros de historia y ciencias naturales, de humanidades y biología, etcétera, en realidad no existe, no es posible en razón de la lógica más elemental. Para demostrarlo utilizaré cinco ejemplos concretos que en su conjunto, al coincidir todos ellos en este punto de nuestra existencia, aquí y ahora, en el presente de nuestra "vida" cotidiana y entre ellos mismos, demostrarán lo que afirmo.

Así, en este libro, tras una breve introducción en la que hago un recorrido básico por lo que es, o puede ser, la vida —es decir, este estadio o capítulo (*chapter*) que llamamos "vida"—, pongo a consideración de los lectores cinco pruebas irrefutables que, por acumulación de coincidencias extraordinarias, demuestran que no existe esta vida tal y como la concebimos, y que por tanto la muerte es imposible. Imposible, por supuesto, tal y como la "conocemos", o entendemos. De manera que va siendo hora de darle otro nombre a la muerte, o de abordarla desde otra perspectiva.

Es verdad que no entendemos del todo lo que es una enfermedad si no la padecemos, lo que es el fuego mientras no nos quemamos, mientras no lo experimentamos en carne propia como dolor, como quemadura. En este libro, sin embargo, sin morirme, sin pasar por la "muerte", demostraré que la muerte no existe. Sin quemarme pero tampoco sin recurrir a especulaciones o argumentos metafísicos, o espirituales, de naturaleza improbable. Demostraré con pruebas verificables lo que digo. Con cinco pruebas concretas que nadie nunca, en ningún momento, podrá refutar.

A esta demostración de que la muerte no existe, de que la vida no es lo que parece, la he llamado "Teoría de los Imposibles Coincidentes".

PRIMERA PARTE

Esta vida, este chapter de programación educativa, fluctúa entre el amor y el odio, el placer y el dolor. Entre opuestos. Sospecho que si queremos desentrañar el secreto del sentido de la vida, responder la pregunta de para qué estamos aquí o por qué estamos aquí, tenemos que averiguar primero qué sentido tiene que existan sentimientos como el odio o el dolor. Hoy volví a alimentar a un gato callejero, ya casi casero, y él volvió a expresarme su gratitud restregándose contra mí. Entonces me mordisqueó la mano una vez más, levemente. Estaba transmitiéndome su agradecimiento por medio del juego, y ese juego implicaba mordiscos, fugaces puntadas de dolor. Me agradecía y al hacerlo me infligía cierta dosis de dolor. Y acaso lo que define la vida sea precisamente su condición lúdica, por la que pasan todas las demás condiciones existentes. Incluso puede haber una vital dosis de juego en el acto de infligir o padecer un dolor: el aprendizaje lúdico.

Morpheus: ¿Crees en el destino, Neo?
Neo: No.
Morpheus: ¿Por qué no?
Neo: Rechazo la idea de no poder controlar mi vida.
Morpheus: Sé exactamente de lo que estás hablando. Déjame decirte por qué estás aquí. Estás aquí porque sabes algo. Pero eso que sabes no lo puedes explicar. Pero lo sientes. Lo has sentido toda tu vida. Hay algo extraño en este mundo. No sabes qué es, pero ahí está, como una astilla en tu mente, volviéndote loco. Esta sensación es la que te ha traído a mí ¿Sabes de qué estoy hablando?
Neo: ¿Matrix?
Morpheus: ¿Quieres saber lo que es? Matrix está en todos lados, a nuestro alrededor. Aun aquí, en este mismo cuarto. La ves cuando miras por la ventana o cuando enciendes el televisor. La sientes cuando vas a trabajar, cuando vas a la iglesia, cuando pagas tus impuestos. Es el mundo que han puesto delante de tus ojos para esconderte la verdad.

Fragmento del filme *The Matrix* (1999)
Hermanos Wachowsky.

NICK BOSTROM Y LA VARIANTE TECNOLÓGICA

Un ensayo del transhumanista sueco Nick Bostrom —profesor de Filosofía de la Universidad de Oxford— publicado en el año 2003 en la revista Philosophical Quarterly, llamó por primera vez la atención, de manera científica, sobre la posibilidad de que no seamos vida independiente sino proyección, simulación ancestral, el producto de alguna supercomputadora del futuro o de ingenieros de la mente humana en el futuro. Y, como decía en otro libro mío —*La conciencia lúdica*—, habrá que reconocer que los indicios de que no somos más que el juego de alguien que juega, más o menos como en el famoso cuento del argentino Jorge Luis Borges, son prácticamente abrumadores.

Alguien "que juega", tal vez nosotros mismos como proyección de nosotros mismos. Un sueño inducido.

Según Bostrom (Helsingborg, 1973), "el supuesto de que un día nos convirtamos en poshumanos que pongan en marcha simulaciones sobre sus ancestros sería falsa a menos que estemos ya viviendo en esa simulación". A menos que seamos nosotros mismos simulación ancestral. Pero lamentablemente, a juicio del investigador Martin Savage, de la Universidad de Washington, se necesitan décadas de evolución tecnológica para responder con certeza los cuestionamientos de Bostrom. En este sentido, sin embargo, y sin tener que esperar décadas para verificarlo, **este libro comprueba la tesis de Bostrom, o sus similares, por deducción acumulativa, a través de la Teoría o Factor de los Imposibles Coincidentes.** Demostraremos aquí que si la vida no es lo que parece, la muerte mucho menos. Es decir, simplemente la muerte no existe.

Tanto Savage como Bostrom conciben la simulación "como científicos que, en el futuro, están explorando de dónde venimos a través de simulaciones de nuestro universo". Dado que, supuestamente, todos los elementos que componen el cerebro de la especie humana pueden ser computarizados, desde las emociones hasta la memoria, no hay por qué dudar que nuestros "descendientes" en un futuro muy lejano serían capaces de enviar réplicas de sí mismos a recrear un pasado supuesto. Así, la gran mayoría de nuestros cerebros no pertenecerían a una raza o cultura original, "sino más bien a personas simuladas por los avanzados descendientes de dicha raza o cultura original", sugiere Bostrom.

Su idea parte de que el cerebro humano es simplemente una compleja computadora, u ordenador. Una máquina biológica en lugar de electrónica. Pero un ordenador al fin y al cabo. "No es una propiedad esencial de la conciencia estar montada sobre las redes neuronales basadas en carbono que se encuentran dentro de un cráneo humano", dice el transhumanista sueco. "Esto es: procesadores basados en silicio dentro de un ordenador también deberían ser capaces de originar una consciencia".

Habría que averiguar si quienes "nos juegan" en ese futuro, o pasado imaginario —es un decir—, nos han programado a fin de poder programar las computadoras tan eficazmente como para averiguarlo. En cualquier caso, lo importante aquí es constatar que nada es lo que parece, empezando por la "muerte" y, por supuesto, terminando por la "vida".

Si nosotros, en nuestro subconsciente-consciente tenemos implícita la función del desdoblamiento —debido a que el sueño es una parte connatural del ser humano—, y de hecho somos parte representativa del universo, aun cuando infinitamente una parte muy pequeña, y además dentro de nosotros contenemos billones y billones de universos atómicos, ¿por qué entonces no podemos pensar que el universo puede desdoblarse?

Manuel Gayol Mecías

LA VARIANTE ALUCINÓGENA

Manejo una teoría que, aunque indirectamente relacionada, me parece más probable, a nivel práctico, que la de Bostrom. Esta variante pasa porque no seamos el producto de una simulación de alguna supercomputadora del futuro, sino el efecto de algún alucinógeno del futuro. Que seamos simplemente productos de nuestra imaginación —ahora mismo soñándonos tras la ingesta de alguna píldora del futuro—, especie de dobles viviendo vidas paralelas en la intensidad del "vuele" o el sueño mayúsculo, de la hipnosis educativa.

Exploradores hacia el pasado, o hacia el futuro del futuro en otros casos, ingresando en sucesivos capítulos: especie de grados, o cursos, de la educación por venir. Tal vez se trate de capítulos de entrenamiento vital para dar muerte al ego a través de su dominio, o al miedo, o a la inseguridad… Para aprender algo, eso es seguro. Capítulos independientes en diversos tiempos y escenarios —reencarnación bioquímica, quizá nanotecnología molecular—, como zonas, o etapas, de un sueño terapéutico.

De cualquier manera, la realidad que aparentemente "vivimos" aquí y ahora —siglo XXI, tercer milenio— no concuerda, ni en todo ni en parte, con la naturaleza de lo que somos. De ahí la neurosis, el estrés, la desdicha, la envidia, el rencor, la soberbia, la tristeza. No es posible hallar la realización plena aquí y ahora, la felicidad de ser, como no es posible encontrarla en un sueño, menos en una pesadilla. Sencillamente, **no pertenecemos al lugar en que estamos, o al menos no únicamente.**

Es como en un sueño. ¿Acaso somos conscientes en el sueño de que estamos soñando? Nunca. Eso no pasa. El sueño solo se vuelve consciente cuando salimos de él, o en el instante preciso en que comenzamos a salir, y muchas veces ni siquiera. Igual sucede con ciertas drogas, medicamentos o sustancias alucinógenas: en el trance no somos conscientes de que estamos en el trance, o al menos no controlamos nuestras reacciones a la ingestión. ¿Por qué descartar entonces que esta vida no sea más que un sueño inducido, un estado hipnótico-pedagógico posible gracias a la poderosa catarsis provocada por una píldora, o "medicamento", del futuro?

"Si en el desdoblamiento del sueño hay una diferencia de distanciamiento entre el observador y el observado, entre el narrador y el narrado, entre uno mismo y sí mismo, y viceversa respectivamente, y esto ocurre en nuestra representatividad de ser humano universal, muy bien entonces en el desdoblamiento del universo también puede existir un distanciamiento con su correspondiente diferencia", asume el escritor y pensador Manuel Gayol Mecías.

No olvidemos que el tiempo es solo una noción, un concepto. Pura teoría. Así, su percepción varía respecto a la edad, la secuencia de los acontecimientos relacionados, el estado mental, etcétera. De manera que una píldora que en un futuro muy avanzado nos indujera una hipnosis o sueño alucinógeno, de naturaleza pedagógica, por aproximadamente 50 minutos, podría traducirse, convertirse dentro de determinado sueño —esta "vida"—, sueño donde el tiempo correría "en cámara lenta", en 50 años de educación acá en la "Tierra". De vida ignorante o inocente y, por tanto, absorbente en lo que a conocimientos y vivencias se refiere.

No olvidemos que cuando mejor se aprende es cuando nada se sabe de la materia analizada. Nuestro desconocimiento, sencillamente, sería inducido a través del sueño, o de "eso" que para abreviar y hacerme entender llamo en este capítulo "sueño", pero que no necesariamente, estrictamente, lo sería, aunque responda a algunos de sus parámetros.

De hecho, nuestra infinita ignorancia en casi todo resulta ya, de por sí, inverosímil.

Abundando, cabe insistir en la posibilidad de que estemos aquí y ahora en un sueño, de que esta vida sea un sueño inducido, por dos elementos comparativos claves que hacen de él una circunstancia similar al sueño tradicional, humano, ese que en la noche apenas permanece unos segundos y sin embargo nos parece, ya metidos en su transcurrir, que dura minutos, incluso horas. **Primer elemento comparativo:** en el sueño convencional nunca podemos controlar lo que nos ocurre o dirigir lo que nos ocurre: como en la vida misma, la mayoría de los acontecimientos o circunstancias sobrevienen en él a pesar de nosotros, fuera de nuestro control. Es decir, el sueño tradicional no es imaginación controlada, guiada, sino que ocurre en una región "mental" ajena a nuestra guía consciente. Y luego tiene lugar un **segundo elemento comparativo** relacionado: en el sueño tradicional, como en la vida, ciertos acontecimientos (la caída inevitable desde lo alto de un edificio, por ejemplo, o el ataque de algún animal o ente repulsivo) provocan fuertes emociones en nosotros: terror, angustia, accesos de llanto o desesperados llamados de socorro incluso. O eyaculaciones en el caso de los sueños eróticos, incontrolables donde los haya. Resumiendo, el sueño tradicional, la pesadilla común y corriente, no son controlados en conciencia por el hombre y tienen la intensidad de la vida emocionalmente hablando. ¿Por qué negar entonces la posibilidad de que esto que denominamos vida no sea más que otro sueño, solo que más elaborado y duradero?

Como en el sueño tradicional o las pesadillas, en esta vida o *chapter* las circunstancias externas, supuestamente ajenas, escapan a nuestro control e, inversamente, las emociones controlan nuestros pensamientos. Creo que ha quedado suficientemente claro. Seguimos:

Refiere Bostrom que, si estamos viviendo en una simulación, el universo que observamos constituye un breve fragmento de la totalidad física que habitamos allá de donde venimos, desde donde nos manejan o desde donde manejamos nosotros mismos a nuestro "doble" (nuestra proyección). Esto aplicaría también, aunque desde otro punto de vista, al sueño inducido por alucinógenos del futuro, mi tesis paralela a la del ensayista sueco. "Si bien el mundo que observamos es en algún sentido también real", adiciona el profesor de Oxford, "no estaría localizado en el nivel fundamental de la realidad". Por lo mismo, si el sueño que soñamos no es la realidad misma, en un plano físico, sí es la realidad del aquí y el ahora, y por lo tanto conforma un fragmento de nuestro tiempo o vida. Puede que solo, aquí y ahora mismo, seamos eso: un fragmento de nuestra realidad ulterior disimulada por el sueño, desconocida por el sueño.

Mire usted alrededor. Compruébelo por sí mismo. Si no se trata de mi variable, se trata de la de Bostrom. Pero de verdad que este mundo, esta vida, esta historia, no merecen ser tomados en serio como realidad última y definitiva. Así que atención. Estamos ante un decorado. Puede que formemos parte de un curso de aprendizaje inducido o, más simplemente, de un paquete turístico del futuro, una especie de recorrido vital que englobaría múltiples pruebas, accidentes y fascinantes e hilarantes descubrimientos. Cualquier día le cae del cielo, amigo lector, un pedazo de ordenador del futuro, ese desde el que lo habrían estado proyectando todo este tiempo, o monitoreando, o albergando. Casi como en el sospechoso *Show de Truman*, aquella entretenida película protagonizada por Jim Carrey.

ROBERT LANZA Y EL EXPERIMENTO DE LA DOBLE RANURA

Como he asegurado, y tal vez como muchos de ustedes ya saben, o intuyen —la intuición es una de la más desarrolladas formas del conocimiento—, la muerte no existe. Pero hace falta probarlo. Hay una discusión en torno a si la prueba a la que nos remite Robert Lanza para apoyar su Teoría del Biocentrismo —y con ella la inexistencia de la muerte tal y como la suponemos—, el célebre "Experimento de la Doble Ranura", puede ser considerada una prueba. Haré un breve resumen de lo que implica este experimento y daré mi opinión sobre el biocentrismo antes de continuar hacia las cinco pruebas que aporta este libro, cuya naturaleza es comprobable y queda fuera de toda duda.

Robert Lanza (Boston, 1956) es un investigador de la Escuela de Medicina de la Universidad Wake Forest, en Carolina del Norte, Estados Unidos. Alcanzó celebridad mundial cuando en el año 2009 aseguró también que la muerte no existe, y lo hizo a través de su teoría del biocentrismo, plasmada en el libro

El Biocentrismo. Cómo la vida y la conciencia son las claves para entender la verdadera naturaleza del universo. Allí, junto al astrónomo Bob Berman, afirmó que el espacio y el tiempo son solo percepción sensorial en lugar de realidades físicas externas inmersas en un espacio ajeno. Es decir, lo que percibimos no sería más que una proyección o creación visual nuestra, una especie de fabricación acorde a las vivencias y "conocimientos" de la persona que observa. Y aquí entrecomillo porque, como se verá más adelante, todo conocimiento es relativo.

En el biocentrismo, la vida, el observador, crea el universo y no al revés. Y por tanto crea también la muerte. Así, el experimento de la doble ranura demuestra que la naturaleza, la supuesta realidad, se niega a decidirse entre ondas y partículas, entre formas y propiedades, y que es el observador quien determina una clasificación. Demuestra que los resultados dependen de si alguien está o no está observando. Cuando el observador ve una partícula subatómica o rayo de luz pasando a través de las ranuras, la partícula se comporta como una flecha en dirección recta, atravesando un agujero o el otro. Pero si no se observa la partícula, esta presenta el comportamiento de una onda con todas las posibilidades disponibles, incluida la de atravesar ambas ranuras al mismo tiempo. De manera que la materia y la energía pueden mostrar características tanto de ondas como de partículas, y su comportamiento cambia basado en la percepción y la conciencia de una persona. Esto a grandes rasgos demuestra el Experimento de la Doble Ranura, realizado por primera vez por Thomas Young en 1801.

Los siete principios que forman el núcleo central de la teoría de Robert Lanza, o del biocentrismo, son los siguientes:

-Lo que observamos depende del observador, lo que percibimos como realidad es un proceso que implica a nuestra conciencia

-Nuestras percepciones externas e internas están entrelazadas

-El comportamiento de las partículas está siempre ligado a la presencia de un observador (lo cual demostraría el Experimento de la Doble Ranura)

-Sin la conciencia del observador, la materia habita en un estado indeterminado de probabilidad (lo cual demostraría el Experimento de la Doble Ranura)

-La estructura del universo, sus leyes, fuerzas y constantes, son ajustados en función de la vida (es decir, del observador)

-El espacio y el tiempo no son objetos o cosas independientes de nosotros, sino instrumentos de nuestra comprensión

-Llevamos el tiempo y el espacio con nosotros, a la manera en que la tortuga lleva su carapacho

"La muerte no existe en un mundo sin espacio ni tiempo. La inmortalidad no significa la existencia perpetua en el sistema temporal, sino que se encuentra completamente fuera del tiempo", subraya Lanza. Y dado que la realidad no es más que un producto de nuestras propias vivencias y "conocimientos" en tanto observadores, la muerte constituye solo un condicionamiento de nuestra ignorancia. Nos han enseñado desde pequeños a creer solo en lo que vemos, en lo que podemos percibir, y vemos, efectivamente, que el cuerpo "muere" y desaparece poco después. Pero no lo sabemos estrictamente. Y "vemos" la "muerte" además porque nos la han enseñado a ver, igual que nos han enseñado que existe el oxigeno aunque no lo veamos nunca. Creemos en el oxigeno, pero nunca lo hemos visto. Creemos en la muerte, pero solo podemos dar fe de ella a través de la desaparición del cuerpo. A través de nuestra infinita ignorancia condicionada.

LOS PRECURSORES DE LANZA Y EL PRINCIPIO DE INCERTIDUMBRE DE HEISENBERG

Pero la teoría de Lanza viene de atrás, por supuesto. Hace trescientos años, el filósofo irlandés George Berkeley (1685-1753) aportó una observación particularmente clarividente: Lo único que podemos percibir son nuestras percepciones. "Ser, es ser percibido o percibir", afirmaba. Berkeley abandona el principio de la independencia de la mente con respecto al mundo físico. En otras palabras, para él la conciencia es la matriz sobre la que se determina el universo.

"Las cosas del mundo no existen sin la mente, y su ser es ser percibido o conocido; por consiguiente, mientras no son actualmente percibidos por mí, o no existen en mi mente ni la de algún otro espíritu creado, o bien no tienen existencia en absoluto o bien subsisten en la mente de algún otro espíritu eterno" (Berkeley).

El francés René Descartes lo dejó establecido, o al menos esbozado, antes que Berkeley: "Pienso, luego existo". El alemán Arturo Schopenhauer aseguraba que, cuando miramos al "Ser del Mundo" dentro de nosotros mismos, "vemos que lo que define a esa esencia es la Voluntad". La voluntad o el ángulo de visión en el *chapter*, si lo reinterpretamos en relación a este libro. Y podemos ir más lejos en el pasado y los orígenes, hasta llegar el hinduismo y el budismo, religiones, o sistemas espirituales de pensamiento más bien, que creen en el karma (causa y efecto éticos), en el maya (la ilusoria naturaleza del mundo) y en el samsara (el ciclo de la reencarnación). Para los budistas, la meta final de la vida es alcanzar la "iluminación" a través del Nirvana, la ausencia de deseo en la paz de la nada acogedora, de la comunión con Dios. El ser contra el ego.

De todo lo cual se desprendería que el universo es representación. Ser antes que realidad última. Depende del posicionamiento del observador. Lo observado es en su totalidad el observador. Las ranuras incesantes en función de quien ve esta cosa o aquella. Niels Bohr (1885-1962) ya aseguraba hace cien años aproximadamente que no somos meros observadores de lo que medimos, sino también actores. Y en mecánica cuántica tenemos el principio de incertidumbre de Werner Heisenberg (Wurzburgo, 1901), el cual establece la imposibilidad de que determinados pares de magnitudes físicas sean conocidas con precisión dado que el observador altera el resultado de lo visto. Resulta imposible conocer al mismo tiempo todas las propiedades de una partícula porque, al observarla, la estamos transformando. Ni más ni menos.

LA COINCIDENCIA TEÓRICA. El CARÁCTER POSTERIOR DE LA VIDA

Si a los efectos de la tesis defendida por este libro algo podemos deducir de las teorías de Bostrom, Lanza y relacionados, es que la vida y la muerte, tal y como las "conocemos", constituyen un proceso de la conciencia y no de la materia. Por lo tanto la barrera que supuestamente impide que la conciencia continúe trabajando, es decir, la muerte, no puede ser sino otra fabricación, o ardid, de la propia conciencia. Dado que la conciencia es el motor de la representación que desemboca en la muerte, esta no puede existir, o al menos no puede existir como fin o vacío absoluto. La muerte, en este sentido, no resulta más que un dispositivo dramático, o tragicómico, imaginado aquí, en este plano o *chapter*, con motivos pedagógicos o simplemente recreativos. Como la casa de monstruos, vampiros y hombres-lobos, o la montaña rusa, de un parque de diversiones.

Aquí cabe deslizar en negrita un principio unificador: **el carácter posterior de la vida.**

Si la vida es un suceso posterior a, una consecuencia de, entonces, ¿cómo puede existir la muerte? Si ha habido un antes desconocido, por fuerza tiene que haber un después desconocido, mas palpitante, generador. Definitivamente, el concepto de morir, de desaparecer, resulta absurdo en sí mismo.

SEGUNDA PARTE

En realidad, la gente no le teme a la muerte, sino a lo desconocido. Y temerle a lo desconocido es una forma inconsciente de temerle a la vida

LAS CINCO PRUEBAS

En este breve preámbulo a los capítulos siguientes, donde una por una se describen las cinco pruebas que conforman la Teoría de los Imposibles Coincidentes, quiero aclarar que seguramente existen más pruebas por el estilo de las que a continuación ofrezco para demostrar que la muerte no existe, que esta vida como tal es solo un nivel, o curso o *chapter*, pero no el único y probablemente no el principal o matriz. Solo me limitaré a explicar, o desarrollar, estas cinco pruebas por su evidente carácter universal y abarcador. Quizá algunos lectores estén en capacidad de recordar o localizar otras pruebas personales, íntimamente suyas, una vez leído este libro y comprendido su lógica. Muchas veces las verdades más evidentes están ante nuestros ojos pero no podemos verlas porque la cultura y la "información" que nos han inducido desde niños nos mantienen ciegos.

Así que este no es un libro de autoayuda ni de filosofía espiritual o de cualquier otro género especulativo, sino que aporta cinco pruebas concretas y verificables de por qué la muerte no existe. Aquí están:

PRIMERA PRUEBA

Se estima que por cada grano de arena de cada playa de la Tierra hay 10.000 estrellas en el universo, lo cual arroja un aproximado probable de 10.000 billones de civilizaciones inteligentes además de la nuestra. La gran pregunta: ¿Dónde está toda esa gente que no acaba de aparecer? La respuesta es tan elemental que no podemos siquiera concebirla: No aparecen porque no estamos nosotros. Y no estamos nosotros porque solo los imaginamos a ellos

La primera prueba de que la muerte no existe: La Tierra.

Primero, hay que tomar consciencia del inaudito acontecimiento que constituye la formación privilegiada de la Tierra, nuestro planeta extraordinario, y de todo lo que contiene. Su perfecta, diríase que milagrosa ubicación en el espacio, inútilmente asolada por el vacío de la galaxia, del universo infinito. El planeta azul, en su minucioso diseño, rodeado de piedras, asteroides, meteoritos, cometas, satélites, planetas adicionales, etcétera, absoluta y absurdamente inhóspitos, inhabitables, toscos, cutres, elementales, grises, rocosos, gaseosos, impenetrables, ferozmente aburridos. La inmensa y cruel monotonía que rodea por todas partes al planeta único en su tipo, que es un tipo único: La Tierra. El planeta de la incesante variedad. El planeta del agua y las selvas, las montañas y los pajaritos. Un planeta con seres inteligentes que construyen aviones y sistemas de impresión y por satélite, acueductos y rascacielos. ¿Cómo es posible que en tantos miles y miles de millones de años hayamos desembocado en la perfección que nos rodea, en tanto hábitat natural, sin desaparecer en el intento, sin parecernos a nadie, sin replicar la monótona e insulsa realidad exterior, aunque sea solo un poquito? Somos como un bombillo incandescente en medio de una ciudad a oscuras. Y lo más cómico: A nadie, o a casi nadie, le parece sospechoso o ridículo. Todo el mundo camina, tropieza, repta, come, defeca, bebe, habla, piensa, corre, canta, baila, gime, fornica, protesta, aplaude, juega, salta, etcétera, sin que le llame mayormente la atención este acontecimiento desconcertante que es vivir, inteligentemente, en este planeta sin igual, asombrosamente distinto a todos los demás observados (o supuestamente observados) por los hombres desde que el mundo es mundo. ¡Qué tremenda casualidad que toda, absolutamente toda la ciudad permanece a oscuras y solo nuestro apartamento tiene electricidad!

Vamos a ponerlo de manera mucho más sencilla, para hacernos entender mejor. Consideremos los siguientes datos generales para rechazar el inverosímil concepto de que la Tierra puede ser única, y por lo tanto de que estemos habitando una realidad natural y última. Según la ciencia y sus tímidas conquistas, siempre pendientes de comprobación posterior (todo esto debe ser tomado con pinzas):

- Existen decenas de miles de millones de galaxias en el universo hasta ahora conocido

- En la visión moderna, "la Tierra es un planeta de tamaño medio que gira alrededor de una estrella corriente en los suburbios exteriores de una galaxia espiral ordinaria, la cual, a su vez, es solamente una entre el billón de galaxias del universo observable" (Stephen Hawking)

- La mayoría de las galaxias tienen un diámetro de entre cien y cien mil parsecs. Un pársec equivale a 3,26 años-luz

- Un año luz mide 10 billones de kilómetros

- La Vía Láctea, la galaxia en la que está ubicado el Sistema Solar del que forma parte este planeta en que vivimos, tiene una extensión aproximada de entre 50,000 y 100.000 años luz y contiene entre 200.000 y 400.000 millones de estrellas

- La Vía Láctea pertenece a una pequeña agrupación de galaxias, un par de decenas poco más o menos, que los astrónomos llaman el Grupo Local. Hay muchas otras agrupaciones, incontables y monstruosamente mayores

- Se estima que con la velocidad disponible actualmente tardaríamos unos 20,000 años en llegar a la estrella más cercana a nuestro sol

- Se considera que el universo visible posee un diámetro de 90,000 millones de años luz (el universo invisible es, por supuesto, indeterminado)

- Carl Sagan: "Hay más estrellas en el firmamento que granos de arena en todas las playas de la Tierra"

Ha afirmado el erudito Juan F. Benemelis que "Marte es un planeta sospechosamente perfecto para la colonización humana; ofrece la impresión de una programación cuidadosa para facilitar su conversión en una segunda Tierra. Existe tan excelente sincronía y ubicación del círculo de planetas internos del Sistema Solar, que se presenta como si la Luna y Marte fueran pre-manufacturados evolutivamente, calculando los pasos de nuestra eventual salida de la Tierra y expansión hacia el resto del Sistema Solar" (*De lo finito a lo infinito*). Es decir, eventualmente, en caso de que la vida en la Tierra se volviera impracticable, en un futuro tecnológicamente superdesarrollado podríamos saltar a la Luna y de ahí a Marte. Se presenta, siguiendo el razonamiento de Benemelis, como si la propia Tierra, en su extraordinaria diversidad, fuese premanufacturada evolutivamente, en una suerte de descomunal operación de ingeniería divina que en un momento determinado nos posibilitaría escapar hacia otros planetas.

Detengámonos aquí, porque este es el colmo de la maravillosa casualidad. No solo la Tierra resulta un planeta único y excepcional —mientras el resto de los cuerpos celestes se parecen unos a otros, extraordinariamente, en su condición hostil e inhabitable— y da la casualidad que aquí y ahora nosotros lo habitamos. No solo la Tierra es única y excepcional, azul, generosa, cálida, maternal, espléndida, atenta, servil, flexible, acogedora, oxigenada, si no que, en caso de enfrentar problemas, de extinguirse sus recursos, de peligrar su equilibrio, los hombres tendrían una escalera a través de la cual alcanzar la salida. Una escalera que les permitiría saltar de planeta en planeta, como de escalón en escalón, y salvar el pellejo. ¡Qué cosa más melodramáticamente oportunista! ¿No parece un guion de cine? O un sueño quizás.

Pero volvamos a la Tierra, el foco, el faro, el bombillo incandescente en las tinieblas del universo sin fin, la casa luminosa que nos acoge y cultiva mientras el resto de la ciudad permanece a oscuras. Para utilizar un símil moderno y, por lo tanto, más adecuado a la realidad tecnológica que vivimos, con la Tierra en relación al universo pasa como si estuviéramos conectados a Internet pero solo se abriera una página, pongamos Amazon o Google o Yahoo o Facebook o Youtube o The Washington Post o Neo Club Press o The New York Times. Supongamos que una sola de estas páginas digitales, pongamos Facebook, puede abrirse, funciona, mientras el resto de los portales, Twitter, Google, Yahoo, Amazon, Youtube, The Washington Post, Neo Club Press, The New York Times, y así hasta el infinito, permanecen desconectados, no se les puede abrir, no funcionan. Internet caído, *off*, para todas las páginas menos para Facebook. Pues lo mismo ocurre con la Tierra que, en este ejemplo cibernético que pongo a disposición del lector, sería Facebook. Si esta circunstancia se diera, en Internet, inmediatamente comprenderíamos que detrás de la situación determinada hay una intención, o diseño, inteligente. No puede ser obra de la casualidad que solo una página, Facebook, funcione —tenga vida y condiciones para la vida— en el infinito universo virtual, Internet. O no funciona página alguna o funcionan todas o casi todas o al menos un puñado. ¿Pero solo una? No es creíble.

Esta es la primera prueba. Comparativamente, la Tierra es Facebook, e Internet (el universo) no funciona en tanto caldo de cultivo para la vida… salvo con Facebook. Facebook sí funciona, sí se abre: Todas la páginas carecen de conexión menos Facebook. Únicamente se conecta Facebook (la Tierra, la casa iluminada en medio de la ciudad a oscuras) y, por tanto, funciona **intencionalmente, premeditadamente.** Luego Internet (el universo) no es lo que parece, no "trabaja parejo", está siendo manipulado. Luego este universo, y la vida, y la muerte, son simulación.

Sobre el ejemplo de Internet volveré al final de este libro.

SEGUNDA PRUEBA

Esta segunda prueba constituye otra de esas maravillas que, unida a la primera del capítulo que antecede, demuestra irrefutablemente que el inconmensurable acontecimiento de estar aquí y ahora no es obra de la casualidad. El hecho extraordinario de que el espermatozoide que fuimos, supuestamente, superara a millones de sus "hermanos" en su carrera ciega hacia el óvulo materno, y encima tuviera la increíble "suerte" de fecundarlo, coincide, confluye, en el extraordinario hecho de que la Tierra supuestamente existe única e incomparable, minuciosamente artística en tanto diseño, prodigiosa, en medio del infinito vacío de gases, fuego y rocas que es el universo. El apartamento encendido en medio de la ciudad apagada.

Eso nos enseñan los libros de texto en las escuelas. Que un espermatozoide fecunda a un óvulo y nacemos nosotros, usted y yo.

Uno entre millones y nunca mejor dicho: señalados por Dios —si Dios existiera—, o diseñados para Matrix —si Matrix o algo similar funcionara—, o productos de nuestra imaginación —si estuviéramos ahora mismo soñándonos tras la ingesta de un alucinógeno del futuro, como ya se ha dicho—, hemos atravesado las paredes envolventes, los conductos sinuosos, hacia el tercio distal de la Trompa de Falopio, en una carrera loca de todos contra todos en la que nuestras posibilidades de imponernos eran prácticamente ridículas. Y sin embargo, lo logramos. Fuimos escogidos, o nos impusimos categóricamente, sin medias tintas ni titubeos, arrasando en nuestro protoplasma vertiginoso. Pequeños dioses convertidos en el Dios que somos. Como afirma Emenegildo Evans en mi novela *Erótica:* "Imagínese acelerando en las tinieblas de una autopista sin fin, escoltado durante por cientos de millones de conductores empeñados en superarlo, desesperados por arribar a la meta-óvulo sin su intermitente compañía. Imagine la hazaña incomparable que constituye su victoria, su impositivo arribo a la meta". La fecundación. Imagine todo eso y entienda que no es casual.

Se estima que entre 200 y 300 millones de espermatozoides son depositados en la vagina al momento de la eyaculación masculina, aunque solo unas pocas decenas alcanzan la zona cero de la fecundación. La vagina es la primera barrera con que tropiezan los espermatozoides, que deben recorrer unos 19 centímetros hasta alcanzar al óvulo que los espera en la trompa (una distancia mayúscula para un organismo que se desplaza a una velocidad de apenas 0.0025 mc / segundo). Hay que decir que los espermatozoides inician la carrera en las peores condiciones, enfrentados a un PH vaginal adverso, y una vez logran llegar al cuello uterino se enredan en una serie de criptas o túneles sin salida donde la inmensa mayoría perece. Se trata de la primera barrera inmunológica, solo el 1% de los competidores más aptos llega al interior de la cavidad uterina y finalmente al útero. Allí son atacados sin piedad por un sistema femenino de defensa biológica que les enfrenta miles de leucocitos con el objetivo de encapsularlos y destruirlos. Luego, su avance hacia las trompas se ve nuevamente contrarrestado por el paso a través de los Colículos Tubarios, donde, según la doctora Carmen Navarro (*La odisea de los espermatozoides*), "se combina una doble barrera de protección y rechazo al invasor, con significativa presencia de leucocitos, macrófagos, prostaglandinas y todo tipo de mediadores de inflamación y anticuerpos (...) Pequeñas criptas en la entrada de las trompas se encargan de atrapar la mayor cantidad posible de espermatozoides para no dejarlos pasar; esta barrera es también conocida como barrera del 1%, ya que solo el 1% de los espermatozoides podrá atravesarla".

Este "milagro" competitivo, esta enorme "casualidad" (una entre 200 o 300 millones de posibilidades), debe ser sumada entonces a la primera casualidad, a ese otro milagro que es la Tierra hospitalaria y oxigenada, llena de verdes prados y espumosos mares, que nos acoge. Ya son dos milagros, dos casualidades inauditas. Unidas en su convergencia, demuestran ya que somos programación, sueño lúdico, simulación inteligente. Y que por tanto la "muerte" no constituye algo natural, sino parte de un proceso previamente diseñado que esconde un propósito o una distracción.

Porque tanta asombrosa casualidad no puede haber coincidido en el tiempo aquí y ahora, la una con la otra, el espermatozoide ganador de la maratón millonaria con el planeta único en su tipo, la Tierra, y mucho menos para que nosotros, los supuestos privilegiados, hiciéramos el cuento. No puede haber tanta casualidad. **No puede haber tan prodigiosa confluencia de incontables prodigiosas casualidades, mucho menos en función de nosotros, supuesta simple mota de polvo en el supuesto universo.**

Aquí aplica por primera vez la Teoría de los Imposibles Coincidentes. La primera prueba (la existencia excepcional del planeta Tierra) coincide con la segunda prueba (la existencia excepcional de nosotros mismos en tanto espermatozoides vencedores de una carrera suicida en la que participaron cientos de millones de espermatozoides competidores sin poder alcanzarnos, sin alcanzar a adelantarnos y penetrar antes que nosotros en el óvulo... hasta fecundarlo).

Se trata de un imposible práctico (la Tierra) que descansa sobre otro imposible práctico (nuestro millonario triunfo fecundante). En su unión, ambos conforman la imposibilidad de que lo que nos rodea sea, efectivamente, la única realidad posible. Vayamos, entonces, a la tercera prueba. Al **tercer imposible superpuesto.**

TERCERA PRUEBA

Leídos ya los capítulos anteriores, en este punto el lector tal vez pueda coincidir conmigo: la idea de poder morir algún día constituye un absurdo porque, ¿cómo se puede temer lo que no se conoce o no se recuerda, aquello de lo que no se tiene experiencia alguna como suma de imposibles? En su condición de imposible, naturalmente no puede recordarse: no existe.

No se trata de morir, sino de la idea de morir. He ahí la espada de Damocles: La absurda amenaza de la muerte, de la nada. Como afirmar que los marcianos son rojos o amarillos o verdes sin haber visto alguna vez a uno de ellos. Si no conoces algo, ¿cómo puedes temerle, huirle, estresarte ante su supuesta proximidad? Es comprensible temerle al dolor, pero no a la muerte. El miedo a morir constituye una tontería, una broma cruel de la ignorancia que desmiente siglos, milenios de supuesta evolución.

Pero claro, la ignorancia es necesaria para poder aprender de la "vida".

Por otra parte, háblame querido lector, si puedes, de tu estancia en el útero materno, en el vientre de tu madre, incluso de tus primeros años de vida. No puedes. ¿Alguna vez miraste atrás mientras brotabas del interior de tu madre? ¿Cómo puedes garantizar que brotaste del interior de tu madre? ¿Acaso no morías en lugar de nacer, puesto que no recuerdas nada? Y esos primeros tres años, o cuatro, o cinco de tu niñez sin recuerdo, sin existencia comprobada —salvo por lo que te dicen tus padres y familiares, o las imágenes que te muestran—, ¿los viviste realmente, puesto que no recuerdas nada, puesto que no conoces a Ciencia Cierta de ellos, puesto que no puedes asegurar que los experimentaste?

Te han hablado de esas cosas, te han mostrado incluso fotos, videos, ¿pero recuerdas algo? ¿Viviste algo formalmente? ¿Cómo, a pesar de lo que te digan tus padres, puedes reconocerte en el video, o en la foto, si no te recuerdas a ti mismo? Entonces, ¿por qué le llamas vida a tu vida si no puedes recordar cómo viviste por primera vez? Nada. La memoria no alcanza, no trabaja en esa zona del pasado que supuestamente alguna vez existió.

Igual pasa con la muerte futura (si es que así puede llamársele). No la conoces. Nadie recuerda nada. Ni siquiera ha sido posible conservar imágenes. Por lo mismo, aquí vemos la unión "casual" de dos hechos extraordinariamente curiosos: Ningún ser humano puede visualizar, ni narrar, ni recordar, el momento en el que nace ni el momento en el que muere. Nunca. Jamás. ¡Qué increíble casualidad!

Resulta muy interesante la coincidencia de que, como ocurre en el sueño tradicional, el momento inaugural o final de lo soñado siempre se interrumpe, nunca es posible describirlo, "vivirlo", verlo. En las pesadillas tiene lugar nuestra caída desde un precipicio o desde lo alto de un edificio, pero nunca podemos visualizar nuestro impacto contra el suelo, esto es, nuestra muerte tras el salto. Tampoco cuando somos atacados en las pesadillas por algún ente o animal, podemos soñar nuestra destrucción o pérdida de la vida. En los sueños eróticos sucede algo parecido: La acción se desencadena repentinamente en torno a una eyaculación inmediata, vertiginosa, sin que pueda visualizarse el momento del placer de la concepción. ¿Por qué, si todos estos momentos de muerte o placer han sido contemplados por nosotros en documentales, películas, etc., en el caso del sexo incluso vividos, nunca los podemos presenciar, visualizar, en los sueños tradicionales?

Otro Imposible Coincidente en el marco de nuestra teoría relacionada. Es así que arribamos a **la tercera prueba:**

No ha existido hasta ahora ningún ser humano que pueda atestiguar, recordar, visualizar, el momento en que nació o el momento en que murió. Nadie ha sido, ni es, capaz de contarnos sobre ambos acontecimientos en sus casos, supuestamente los más importantes y decisivos en la experiencia de un ser humano, o de esto que llamamos "vida".

Aquí aplica por tercera vez la Teoría de los Imposibles Coincidentes. La primera prueba (la existencia excepcional del planeta Tierra) coincide con la segunda prueba (la existencia excepcional de nosotros mismos en tanto espermatozoides vencedores de una carrera en la que participaron millones de espermatozoides competidores) que a su vez coincide con la tercera prueba (la circunstancia excepcional de que nadie que usted conozca, y por supuesto tampoco usted mismo, puede atestiguar, visualizar, las circunstancias de su nacimiento ni las de su muerte).

Da la "casualidad" de que la Tierra, único planeta excepcional, imposible en un sentido astronómicamente lógico, existe únicamente para nosotros. Da la "casualidad" de que nosotros somos los únicos triunfadores de una carrera suicida en la que competimos contra alrededor de 300 millones de corredores —espermatozoides— en igualdad de condiciones. Y da la casualidad de que ninguno de nosotros puede recordar, nunca, cómo nació, mucho menos contar cómo murió. Muerte y nacimiento han sido vaciados de testimonio. Tercera coincidencia imposible. Vivimos en una simulación: diseño inducido.

# CUARTA PRUEBA

Esta cuarta prueba la tenemos a través de la unión de dos casualidades, como ocurrió con la tercera prueba. Se trata de la extraordinaria casualidad —imposible coincidente— de que hayamos vivido en dos siglos y en dos milenios al mismo tiempo. Y esto, si tenemos en cuenta que no tenemos por qué creernos aquellas vidas que no están vivas ahora mismo, que son historia —mi tesis en este libro parte no de inducciones, porque "el papel aguanta lo que le pongan", sino de verificaciones aquí y ahora—, constituye, otra vez, una increíble coincidencia.

Vivir en dos siglos diferentes ya es difícil. Pero vivir en dos milenios diferentes, además, resulta extraordinariamente raro. ¡Qué casualidad que nos ha tocado nacer en el segundo milenio y vivir también en el tercero (siglo XXI) a ustedes y a mí, queridos lectores, en el tercer milenio en que supuestamente moriremos! Es cierto que el calendario constituye una convención, una creación humana, y por tanto no prueba nada en sí mismo, pero por lo mismo, como nosotros somos también creación, simulación pedagógica o turística inducida, nada más natural que nos rijamos por las convenciones recreadas por humanos, o poshumanos —probablemente por nosotros mismos—, para hacer creíble esta simulación. Esto funcionaría a nivel sugerente, si fuéramos a poner un símil, como la huella que el detective debe encontrar para descubrir al asesino, es decir, para hallar la verdad. El detective, claro, somos nosotros. El "asesino" es la simulación que llamamos "vida".

El hecho de que la mayoría de nosotros hayamos vivido en dos milenios distintos, el segundo y el tercero, constituye otra huella abandonada, tal vez a propósito, para que la Teoría de los Imposibles Coincidentes pueda ser utilizada aquí, en este libro, como confirmación de que la muerte no existe, de que la vida es simulación, juego itinerante, sueño inducido.

QUINTA PRUEBA

En el infinitamente corto espacio de nuestra vida consciente hemos presenciado, o nuestros padres y abuelos han presenciado —es decir, me refiero a gente que hemos conocido directamente o a nuestros antepasados inmediatos, familiares, amigos— el nacimiento, y disfrutado el desarrollo, de casi todas las grandes invenciones humanas en materia de tecnología e industrialización. El cine. La televisión. El teléfono. El avión. La conquista de la Luna. Internet... Se estima que la humanidad tiene aproximadamente 200,000 años de antigüedad y, sin embargo, nosotros hemos tenido la increíble fortuna de presenciar y disfrutar todos estos inventos en nuestra corta vida, inventos que a su vez han visto la luz en el mínimo lapso aproximado de 100 o 150 años. ¡Qué casualidad tan grande, otra vez, que prácticamente todos los grandes inventos de la humanidad, los más inverosímiles y complejos, los más maravillosos y revolucionarios, hayan tenido lugar en el corto espacio de tiempo de nuestra vida y la de nuestros padres, tal vez de la de nuestros abuelos a mucho tirar!

A continuación enumero algunos de estos inventos, solo unos pocos, que por su relevancia, complejidad y, sobre todo, esencia o aporte casi inverosímil, establecen como conjunto la imposibilidad de que todos ellos pudieran converger en el mismo punto histórico que usted y yo, amable lector, estamos viviendo desde que "nacimos". Y por supuesto mucho menos coincidir todos ellos al unísono con el resto de los excepcionales acontecimientos que constituyen las otras cuatro pruebas aportadas en este libro. Enumero a continuación once de estos inventos, cuyo uso sistemático y popularización han camuflado, o disfrazado de alguna manera entre nosotros, su carácter o naturaleza increíble:

La electricidad. La electricidad surge a finales del siglo XIX y alcanza su gran expansión en las sociedades del siglo XX. Hasta hace menos de 150 años prácticamente se vivía a oscuras y las energías disponibles carecían del poder y la flexibilidad que nos brinda la electricidad, madre de casi todos los grandes inventos modernos.

El automóvil. Un invento de las postrimerías del siglo XIX que sin embargo alcanza pleno desarrollo en el siglo XX, con la producción en cadena del Ford T en Estados Unidos. De pronto, sobre todo en los países industrializados, o desarrollados, todo el mundo puede atravesar inmensas carreteras, autopistas de doble, triple o cuádruple vía, y llegar a su destino por sí mismo, sin necesidad de esperar, sin tener siquiera que compartir espacio con desconocidos.

El avión. Los hermanos Wright levantaron el vuelo por primera vez en 1903 y a mediados del siglo XX el transporte aéreo ya se había popularizado. Penetramos en una especie de cápsula de hierro, que a ratos se bambolea, y en un abrir y cerrar de ojos aparecemos en otra ciudad distante, incluso en otro país, tal vez en otro continente. Prácticamente como viajar en el tiempo, pero en el aire.

La fotografía, el cine, la radio y la televisión. La imagen, la vida, quedan primero captadas para la inmortalidad y luego se ponen en movimiento (1894). Se trata del advenimiento de los medios de comunicación masivos y de la idea tele-transportada, en acción. Usted puede ver a alguien hablándole a los ocupantes de la sala de su casa, a su familia, y sin embargo ese alguien ya falleció 50 o 70 años atrás, o lo hace desde otro país, incluso desde el espacio exterior.

El teléfono. En el siglo XIX Alexander Graham Bell popularizó el teléfono y con él el acontecimiento casi imposible de que usted pueda hablar con una persona en Tokio estando en Miami, en Camberra estando en New York. En el siglo XX la red telefónica se extiende al punto de desembocar en el teléfono móvil. La comunicación inalámbrica permite actualmente a las personas estar siempre localizables (personas que con el aditamento clave del GPS también pueden localizarlo prácticamente todo).

La nave espacial. Esta máquina formidable permitió al hombre salir al espacio sin oxigeno por primera vez, y conquistar la Luna. Explorar el espacio para descubrir que supuestamente no hay vida animal o inteligente más allá de la Tierra. La primera nave espacial alcanzó el espacio exterior en 1957, y era rusa. Hombres de Estados Unidos pisaron por primera vez el satélite natural de la Tierra en 1969.

Los ordenadores e Internet. A mediados del siglo XX surgieron los primeros ordenadores electrónicos, que luego derivaron hacia el surgimiento de Internet a finales de la pasada centuria. Los antecedentes de la red de redes se remontan a los años sesenta, y en los años noventa se introduce la World Wide Web (WWW). Internet es un invento mucho más relevante que la imprenta puesto que no solo populariza la lectura y el conocimiento sino que, además, da paso a la democratización de la información sin censura a través de la interacción directa en tiempo real.

Resumiendo rápido y sin demasiados rodeos: Resulta un imposible estadístico creer que, sumando las cuatro inauditas pruebas anteriores, también somos los escogidos para presenciar y disfrutar este alud de inventos tecnológicos extraordinarios que confluyen, casualidad de casualidades, en este punto de la historia en el que estamos ubicados. Solo hay que tomar un poco de distancia y despejar la cortina de humo del ego para comprender, y señalar, este otro Imposible Coincidente, quinta y última prueba expuesta en este libro de que, efectivamente, la muerte no existe.

TERCERA PARTE

EPÍLOGO I
LA CORTINA DE HUMO DEL EGO

Tanta casualidad no puede ser casual. Somos irrefutablemente alguna proyección inteligente, simulación, curso educativo, paquete turístico del futuro, *chapter* alucinógeno, lúdico o como se le quiera llamar, sostenido, es decir, camuflado, por la ignorancia inducida que llevamos a cuestas como una tortuga su carapacho. Camuflado, disimulado, por nuestra ignorancia inabarcable. Nuestra ignorancia es una droga y nos esconde la circunstancia de que la muerte no existe, de que la vida no es lo que parece.

Pero además, hay un elemento añadido que dificulta enormemente que descubramos la simulación en que "vivimos": El ego. El ego nos infunde el terror de morir sin haber "trascendido", en primer lugar, y por tanto nos enseña a temer la muerte como cosa existente, inevitable. Y en segundo lugar, Don Ego nos impide ver con claridad las pruebas irrefutables que demuestran que la muerte no existe, que la vida es simulación, porque encuentra "natural", "normal", "inevitable", que todo gire en torno a nosotros, y en ese sentido hasta lo más increíble o improbable supuestamente existe para dar vueltas a nuestro alrededor, incluso para estar a nuestro servicio. El ego actúa de cortina entre la simulación y nuestra comprensión de que, efectivamente, la realidad que nos rodea —esta, ahora mismo— es simulada.

Una aclaración antes de continuar. En este libro utilizamos la acepción más coloquial o popular de la palabra "ego", es decir, aquella que se refiere a la vanidad o a la necesidad que tiene el ser humano de reconocimiento colectivo, de atención exterior, para estar bien consigo mismo. En este sentido, el ego es sinónimo de debilidad y sujeción social, de dependencia de la tribu, el colectivo, la atención o aprobación del grupo.

En definitiva, el ego también entendido aquí como identidad, pero identidad representativa, no esencial. Como individuos, representamos algo que la gente ve o creemos que ve, y eso es el ego, la máscara del ser, lo contrario de la genuina autoestima que no necesita representar porque sencillamente es, palpita consigo misma. Así, el ego necesita diferenciarse de los otros

—y por tanto depende de los otros como referencia— para identificarse.

Si es verdad que no partimos hacia la muerte —y no se trata de una afirmación de consuelo sino de una conclusión basada en hechos concretos, como hemos demostrado hasta aquí, en este libro— estamos en este *chapter*, sueño inducido o capítulo educativo para acumular conocimiento, experiencia íntimamente pedagógica porque solo se aprende algo en profundidad experimentándolo como parte de una narrativa de vida o muerte. Se trata de un curso con continuidad a otros niveles, pero no podemos saberlo conscientemente porque de ser así aprenderíamos poco o nada, no estaríamos aquí. En el futuro o pasado de donde venimos, la realidad que llamamos vida constituye solo aprendizaje inducido por nosotros mismos o nuestros educadores que, cuando despertamos del "sueño" o la anestesia (despertamos = "morimos"), queda atrás como lección aprendida, o juego concluido (puzzle resuelto). Entonces pasamos al siguiente diseño, tal vez como profesores, tal vez como eternos alumnos.

Insisto: tanta "casualidad" no puede ser casual. La casualidad de que nuestra vida haya coincidido con la época en que por primera vez el hombre salió al espacio exterior, allí donde supuestamente no hay oxígeno, y pisó la Luna, caminó un poco en su superficie, plantó incluso bandera y, por añadidura, inventó la televisión, el teléfono, la bomba atómica y la de neutrones, Internet... La casualidad de que el espermatozoide que fuimos llegara antes que cientos de millones de sus iguales, en feroz competencia, al óvulo materno... La casualidad de que el planeta en el que supuestamente vivimos esté ubicado a la distancia ideal y del modo perfecto para sobrellevar la vida mientras, alrededor, reina el vacío sideral, millones y millones de años luz de roca y muerte... la casualidad de que hayamos vivido el segundo milenio y estemos metidos de lleno en el tercero... la casualidad de que no podamos atestiguar ni nuestro nacimiento ni nuestra muerte... Las casualidades llenarían otro libro como este, y otro, y otro, todas ellas inauditas, todas ellas jamás presenciadas, como conjunto de coincidencias, por hombre o animal alguno en miles de millones de años previos, de sistemas previos, de mundos previos. Tal acumulación y confluencia de casualidades asombrosas demuestra que lo que llamamos vida, que lo que llamamos muerte, es diseño inteligente, escenario simulado, teatro, proyección.

Mas Don Ego, en su función de cortina de humo, de poderoso elemento de distracción, nos impide ver con claridad, captar los detalles y sacar las conclusiones pertinentes. Don Ego nos enseña a creer, desde que tenemos uso de razón, que todo gira a nuestro alrededor, que somos el centro definitivo del mundo, del universo y de la vida, de manera que abordamos el cúmulo de increíbles coincidencias enumeradas en este libro como algo normal, natural, común y corriente. Esta visión inducida por el ego, de que lo extraordinario alrededor no es tan extraordinario —puesto que existe en función nuestra—, esconde que en realidad lo que llamamos vida no es más que un curso de aprendizaje (o una simulación inducida por nosotros mismos con fines recreativos para nosotros mismos o los demás).

Aquí el tema del ego se relaciona con la ya mencionada teoría del biocentrismo sostenida por Robert Lanza, y se muerde la cola como la serpiente. El espectador crea la realidad y se mete tanto en ella que olvida lo que existe "más allá de sí mismo". ¿Única manera de aprender de sí mismo?

El espectador como escuela interior. O como turista interior.

Lo cierto es que solo se aprende en profundidad viviendo el aprendizaje en carne propia, como parte de la creación, como se viven los sueños. El miedo a la muerte, al vacío —la ignorancia—, garantiza que aprenderemos algo. Existencia como diseño inducido, narrativa pedagógica.

Pero que la muerte no exista como se le conoce tradicionalmente, que este libro lo haya demostrado sin lugar a dudas a través de las cinco pruebas relacionadas en los cinco capítulos de su segunda parte —a través de la Teoría de los Imposibles Coincidentes—, no debería implicar que ahora, descubierta esta nueva realidad, fuéramos hacia ella a pecho descubierto, como quien va hacia un oráculo o hacia un descanso, con el objetivo de apagar la luz del cuarto y dormirnos. "Dormir, dormir... tal vez soñar". Podemos estar hartos de jugar a la "vida", pero mientras estemos aquí, en este *chapter* educativo, soñando este sueño, jugando este juego, no estaremos de más. Permanecemos porque nos queda algo por aprender, algo por concluir o enseñar. O tal vez algo por disfrutar, ¿por qué no? No hay que darlo por descontado: aquí y ahora podemos estar metidos en un paquete o periplo turístico. El caso es que no se debe forzar el aprendizaje y salir, sin más, del *chapter*, del sueño. "Cada cosa tiene su momento".

Todos somos maestros. Todos somos alumnos.

Dios contiene la Realidad y la desborda. Es creador y poseedor del todo (¡es el Todo!), y en Él gravitan dos características de suma importancia que quiero describir, porque van de lo humano a lo divino e inciden en nosotros constantemente: el juego y el sueño.

La penumbra de Dios, *Manuel Gayol Mecías*

Solo cuando la indignación "destinada" a ti desemboca en diversión o comprensión —y el candidato a indignado (tú mismo) sabe convertirse en observador divertido, deslumbrado ante el potencial recreativo, lúdico, de la programación alrededor— el eterno aprendiz alcanza las cimas de su chapter correspondiente en la escuela de la vida, pasando de grado con excelencia. Como una vela blanca en el horizonte, aguarda otro nuevo curso para el aprendiz, quizás incluso un posgrado, porque la muerte no existe. Hay que aprender a fluir, y a fluir bien, para pasar de grado, para ascender en el tránsito hacia un nuevo chapter. Fue lo que probablemente ocurrió con Jesús. Había aprendido. Había descubierto qué es realmente la vida.

EPÍLOGO II: JESUCRISTO DESCUBRE QUE LA MUERTE NO EXISTE

¿Quién fue en verdad Jesús, Cristo o Jesucristo? (Utilizo aquí, indistintamente, los tres nombres occidentalmente más conocidos del Mesías). ¿Fue en realidad el hijo de Dios? Como que Dios somos nosotros, mi teoría apunta a que Jesucristo ya había descubierto este extremo y, por tanto, había entrado en posesión de su propia transparencia como individuo. Finalmente supo que existía una cortina, Don Ego, y que a través de ella solo se podía ver nebulosamente. Si acaso, suponer, imaginar. Jesucristo fue capaz de correr la cortina de humo del ego y descubrir a Dios, es decir, descubrirse a sí mismo observando, en la transparencia de la contemplación y localización del ego. Tal vez por eso no temía a la "muerte". Todo el proceso de su santificación o iluminación no habría sido más que una trayectoria en la transparencia de la verdad, en el descubrimiento de la simulación. Jesucristo se despojó de su ego como quien arroja una máscara y pudo ser feliz en la verdad, fascinado ante el arrollador espectáculo de la simulación. Comprendió la grandeza de Dios, de sí mismo, al entender que si el mínimo *chapter* en que estaba inmerso (la vida) resultaba tan espléndidamente seductor y complejo, el universo, los siguientes capítulos, sin duda contendrían la fascinante diversidad de la existencia, y la experiencia, a escala infinita.

Como apunta el escritor español Fernando G. Toledo en Razón Atea, "los evangelios canónicos (los tres sinópticos: Marcos, Mateo y Lucas, más el de Juan) son la fuente principal para conocer la vida de Jesús, pero estos no son relatos históricos sino complejas interpretaciones teológicas de ciertos acontecimientos". Interpretaciones. He ahí la base sobre la cual se ha montado toda una filosofía, toda una religión, incluso toda una cultura. Interpretaciones que, como hemos demostrado en este libro, son cuando menos tendenciosas y, en consecuencia, susceptibles de error y contagio.

Así, la metáfora del reino de los cielos constituye un intento de camuflar, consciente o inconscientemente, el cielo interior del individuo: Jesucristo. Jesús en la cruz es conocimiento de la simulación ancestral, del sueño inducido por la "píldora sagrada", y por tanto éxtasis en la sabiduría, como cuando un automóvil toma una curva a alta velocidad y se estabiliza en la conducción de sí mismo, jugando consigo mismo.

Muy probablemente, cuando Jesús hablaba del reino de los cielos se refería a la altura que puede ganar la especie humana a través de su crecimiento interior, de la domesticación o minimización del ego. "No os hagáis tesoros en la tierra, donde la polilla y el orín corrompen, y donde ladrones minan y hurtan; sino haceos tesoros en el cielo", dice, o supuestamente dice Cristo (la cita, claro, no puede ser literal).

Antes de "la ofrenda delante del altar", Jesús pide: "reconcíliate con tu hermano". Una manera indirecta de solicitar la domesticación del ego, pues, para reconciliarse, primero hay que acercarse al otro. Un símil, el acto de acercarse, que significa "claudicación" o empequeñecimiento para la mayoría de los hombres, egotistas por tradición. De ahí que haya que enfrentar al orgullo, la soberbia, para estar a la altura del reino de los cielos, predica Cristo. Hay que enfrentar al ego, deshacer la cortina de humo. Porque solo a través de la mirada desembarazada de ego, solo corriendo la cortina del ego, se está en situación de mirar limpiamente, con generosidad, el espectáculo de la "vida". Solo libres de ego, o al menos con este localizado e interpretado, es posible concebir las cinco pruebas irrefutables que aporta este libro y relacionarlas entre sí, y así sucesivamente.

"Cuando, pues, des limosna, no hagas tocar trompeta delante de ti, como hacen los hipócritas en las sinagogas y en las calles, para ser alabados por los hombres". Un conocimiento de la pauta precisa para trascender en la localización y des-atascamiento del ego. Un paso imprescindible:

"¿Y por qué miras la paja que está en el ojo de tu hermano, y no echas de ver la viga que está en tu propio ojo? ¿O cómo dirás a tu hermano: Déjame sacar la paja de tu ojo, y he aquí la viga en el ojo tuyo? ¡Hipócrita! Saca primero la viga de tu propio ojo, y entonces verás bien para sacar la paja del ojo de tu hermano".

Como han afirmado innumerables autores, los fariseos del tiempo de Cristo eran el grupo religioso más influyente y masivo del pueblo hebreo, hombres de poder, riqueza y prestigio familiarizados al dedillo con el Antiguo Testamento y que por tanto estaban en plena capacidad de entender la llegada del Mesías. Creer que estos hombres ignoraban la venida del Mesías, es a su vez ignorar las realidades del momento histórico de que hablamos. Estos fariseos sabían que Jesucristo era el Mesías que los judíos habían esperado por tanto tiempo, y que en consecuencia apedrearlo o apresarlo o desconocerlo carecía de sentido. En todo caso, fue Jesús quien se hizo "matar" para ascender a un nuevo nivel.

A Jesús lo "matan", o se deja apresar y crucificar, porque él mismo ya conocía la inexistencia de la muerte, y en consecuencia sabía que la resurrección era el paso hacia otro sueño o *chapter*. Todo en Jesucristo constituye una revelación educativa del Ser (la transparencia) contra el Ego (la cortina de humo). Porque no se puede "morir", tal y como entendemos el concepto, sino en la conciencia del observador.

El perdón no es el objetivo del sacrificio de Cristo (y me refiero al verdadero Mesías, insisto, no al que han mediatizado la religión tradicional y la cultura occidental). Ni su "sacrificio" —una liberación— pasó por el masoquismo, sino a través de la transparencia del viaje interior. El sacrificio de Cristo no habría sido tal, sino otra cosa muy distinta: la culminación de un entrenamiento existencial que lo liberó hacia el siguiente *chapter* y estableció una pauta para nuevos descubrimientos y reflexiones en el tiempo, visto lo visto: también, seguro, para que yo y ustedes pudiéramos visualizar, entender en su real dimensión, las cinco pruebas irrefutables que arroja este libro, y unas cuantas más.

Nuestra interacción con el mundo es fundamental para que surja el propio mundo, y no se puede hablar de él independientemente de eso. Por esta razón, mi hipótesis es que, en realidad, las unidades de información son lo que crea la realidad, no las unidades de materia ni energía. Ya no debemos pensar en las unidades más elementales de la realidad como fragmentos de energía o materia, sino que deberíamos pensar en ellas como unidades de información

Vlatko Vedral. *Descodificando la realidad*

EPÍLOGO III.
MI REVELACIÓN

Crecemos escuchando, o leyendo, sobre experiencias demostrativas de la existencia del "más allá", de la otra dimensión, del "reino de los cielos", pero solemos tildarlas de fantasiosas o exageradas. De hecho, yo pensé durante la mayor parte de mi vida, hasta llegar aquí, que nunca tendría una experiencia de este tipo (aunque en realidad la experiencia que finalmente tuve no guarda ningún parecido con las que usualmente nos cuentan en los libros, el cine y la televisión). Siempre escuchaba o leía sobre las apariciones sobrenaturales (vírgenes, fantasmas, santos, etc.) o sobre las revelaciones experimentadas por otras personas, con un dejo de escepticismo o incredulidad. Las veía como fruto de la imaginación de gente impresionable, demasiado susceptible o simplemente charlatana. Hasta que una madrugada del verano del año 2015 tuve por fin mi revelación, que me impulsó a terminar este libro en el que demuestro que la muerte no existe.

Estaba sentado en el recibidor de la casa en medio de la noche, en la madrugada de Miami, escribiendo este mismo libro —en realidad empezando a escribirlo—, cuando se me ocurrió ejemplificar la primera de las pruebas aportadas para demostrar que la muerte no existe (me refiero a la existencia excepcional de la Tierra) a través de un símil popular: Internet. Como decía en ese capítulo, la Tierra con respecto al resto de los planetas y cuerpos celestes conocidos es como una habitación iluminada en una ciudad permanentemente a oscuras, o como una página cibernética que se mantiene *online,* activa, mientras el resto de las páginas digitales permanece fuera de servicio, *offline.* Escribí eso y luego cerré el documento Word donde estaba el borrador de las primeras cuartillas de este libro, y me conecté a Internet.

Para mi sorpresa, todas las páginas cibernéticas se encontraban fuera de servicio. Google, Twitter, Amazon… ni siquiera mi correo de Gmail, usualmente lo más resistente a las caídas de la conexión, aguantaba el apagón internauta. Solo Facebook funcionaba, tenía conexión. De pronto, como por arte de magia, aquello que yo había imaginado como símil para ejemplificar mi teoría ya no era teoría sino realidad. La realidad "imitaba" mi pensamiento, mi libro inconcluso: me probaba que estaba en lo cierto, que el observador condiciona la realidad, o sencillamente la crea. Con la piel erizada, exaltado ante la revelación, se lo transmití inmediatamente a mi esposa Idabell, a quien dedico este libro. Ella también pudo comprobarlo varias veces, intentando acceder inútilmente a otros portales y blogs.

¿Cómo refutar esta experiencia con testigo añadido, es decir, con Idabell? Se aducirá que un ataque cibernético de hackers al servicio de la empresa Facebook, en el peor e inimaginable de los casos, podría haber apagado, tumbado, todas las demás páginas cibernéticas, pero en realidad algo así solo podía haberlo hecho un gobierno con todos los hilos en la mano para cortar la conexión a escala nacional. Pero además, y tal vez lo más importante en tanto demostración: el hecho tuvo lugar exactamente después de que a mí se me ocurriera mencionar un escenario semejante como símil, y lo plasmara en el borrador de este libro. En la misma madrugada en que concebí el pasaje, el símil de Internet con el Universo y la Tierra como Facebook, sucedió el ejemplo efectivamente. Otro Imposible Coincidente.

Se cayó todo Internet menos Facebook, al menos en Kendall, sector de Miami donde entonces, y ahora, escribo este libro. Pude comprobarlo porque intenté entrar a decenas de páginas web mayores y menores durante varias horas sin resultado. Solo la red social añil se mantuvo en pie. Único caso que he conocido, presenciado, en mi vida. Nunca antes había visto algo ni siquiera ligeramente semejante en Internet, un apagón total salvo una página. Un momento electrizante e inaudito.

Una señal enviada desde "el más allá". Otra confirmación de que la muerte no existe.

CONCLUSIONES

Cierro *Por qué la muerte no existe* con esta breve reflexión:

Creo firmemente que esto que llamamos vida no es nuestra única existencia, sino una parte o fragmento de un conjunto superior, o un *chapter* de muchos consecutivos. Creo que existe un Dios o instancia supranatural, es decir, incomprensible para nosotros en esta parte o fragmento de nuestra existencia que llamamos vida, y ese Dios puede ser tanto independiente de nosotros como parte de nosotros, incluso nosotros mismos (durante este fragmento que atravesamos, que llamamos vida, aún no estamos capacitados para saberlo). Por último, creo que el hecho de estar o atravesar esta parte o fragmento de un conjunto superior, de habitar este capítulo, tiene un propósito concreto, y sospecho que es el de nutrirnos en la liberación, que aprendamos con el objetivo de hacernos cada vez más libres, fuertes y creativos en sucesivos estadios futuros.

Así como el carácter de la vida es posterior (el de este *chapter* o capítulo llamado comúnmente así), su propósito probablemente sea aprender, no definir. Definir a Dios sería un contrasentido. La perfección o la homogeneidad serían un contrasentido. De ahí que la persecución de la sabiduría pase por un acercamiento a la esencia del universo (Dios) en la experiencia. La vitalidad de la experiencia no define algo, sino que lo aprehende: Lo aprende y es suficiente. Paso al siguiente *chapter*.

Por eso no voy a la iglesia ni venero santos ni soy religioso en un sentido tradicional, culturalmente inducido, aunque respeto al que lo haga o lo sea. Por eso sé que la muerte no existe, aunque sepa casi nada. Las cinco pruebas aportadas en este libro demuestran fehacientemente el carácter simulado, o la esencia intencional, premeditada, de esto que llamamos "vida", de aquello que identificamos como "muerte". Elevarnos hacia Dios, el Universo, como hiciera Cristo, constituye el único modo de disipar la cortina de humo del ego y ver con cierta claridad y determinación.

Vista al frente: El viaje recién comienza. No se pueden protagonizar Cinco Imposibles Coincidentes al mismo tiempo, como es el caso mío y de ustedes, amables lectores, si no estamos, de hecho, ante un diseño o capítulo de un todo desconocido pero predeterminado, que no podemos conocer como todo, previamente, antes de la totalidad de los acontecimientos en sí, porque el Universo constituye un aprendizaje. No moriremos porque Dios es experiencia, educación. Porque somos la curiosidad de Dios.

Otros títulos de Neo Club Ediciones

La penumbra de Dios
(Colección Ensayo)
Manuel Gayol Mecías

Erótica
(Colección Narrativa)
Armando Añel

Mi tiempo
(Colección Triunfadores)
Humberto Esteve

Para dar de comer
al perro de pelea
(Colección Poesía)
Luis Felipe Rojas

El salto interior
(Colección Ensayo)
Ángel Velázquez Callejas

Anábasis del instante
(Colección Poesía)
Tony Cuartas

Hábitat
(Colección Poesía)
Joaquín Gálvez

Café amargo
(Colección Poesía)
Rafael Vilches

El verano en que
Dios dormía
(Colección Narrativa)
Ángel Santiesteban Prats

Siete historias habaneras
(Colección Narrativa)
Augusto Gómez Consuegra

La chica de nombre eslavo
(Colección Narrativa)
Roberto Quiñones Haces

Café sin Heydi frente al mar
(Colección Poesía)
Víctor Manuel Domínguez

Toca al corazón que late
(Colección Poesía)
Nilo Julián González Preval

Donde crece el vacío
(Colección Narrativa)
Ernesto Olivera Castro

121 lecturas
(Colección Crítica)
José Abreu Felippe

Hacia los negros en Cuba
(Colección Ensayo)
Maybell Padilla y
Víctor Betancourt

Crónicas de guayaba y queso
(Colección Testimonio)
Belkis Perea

Así lo quiso Dios
y otros relatos
(Colección Narrativa)
Orlando Freire

El libro de La Habana
(Colección Narrativa)
Juan González-Febles

Los tigres de Dire Dawa
(Colección Narrativa)
Luis Cino

Historias de depiladoras y
batidoras americanas
(Colección Testimonio)
Jorge Ignacio Pérez

Isla interior
(Colección Testimonio)
Yoaxis Marcheco

El abismo por dentro
(Colección Narrativa)
Guillermo Fariñas

Logos y axiomas
(Colección Ensayo)
Juan F. Benemells

Los hombres sabios
(Colección Poesía)
Rafael Piñeiro

En Blanco y Trocadero
(Colección Narrativa)
Nicolás Abreu Felippe

Quemar las naves
(Colección Poesía)
Jorge Olivera

La fiesta de Florinda
y otros relatos
(Colección Narrativa)
Rebeca Ulloa,
Usamat Hamud y
Lourdes Cañellas

Mi vida junto a Margo
(Colección Triunfadores)
Claudio Ramos Iraola

Proscripción
(Colección Narrativa)
Topacio Azul

Yo Augusto
(Colección Poesía)
Augusto Lemus

El tigre negro
(Colección Narrativa)
José Hugo Fernández

La extraña familia
(Colección Narrativa)
Maribel Feliú

Ciudad imposible
(Colección Poesía)
Ileana Álvarez

Guetto
(Colección Poesía)
José Alberto Velázquez

Cómo matar a un toro
y otros cuentos
(Colección Narrativa)
Luis Jiménez Hernández

Los naipes en el espejo
(Colección Ensayo)
Armando de Armas

Serio divertimento
(Colección Poesía)
Denis Fortún

www.ingramcontent.com/pod-product-compliance
Lightning Source LLC
Chambersburg PA
CBHW070324190526
45169CB00005B/1733